ions sur le Rapport
ommissaires nommés
xaminer les principes
trine de Mr. Deslon.

P. 1784.

RÉFLEXIONS

SUR le rapport des Commissaires nommés pour examiner les principes & les effets curatifs de la Doctrine de M. DESLON, & Apologie de la conduite de ce Médecin.

» La gloire & la curiosité sont les fléaux de notre
» âme : cette-ci nous conduit à mettre le nez par-
» tout, & celle-là nous défend de rien laisser irré-
» solu & indécis «.

MONTAIGNE, *tome 2, chap. 26.*

A PHILADELPHIE;

Et se trouve à PARIS,

CHEZ les Marchands de Nouveautés.

1784.

RÉFLEXIONS

SUR le rapport des Commiſſaires nommés pour examiner les principes & les effets curatifs de la Doctrine de M. DESLON, & Apologie de la conduite de ce Médecin.

MON deſſein, en écrivant, n'eſt point de diſcuter une opinion auſſi mal attaquée, que défendue juſqu'à préſent par ceux (1) qui s'en ſont mêlés. Le myſtère, & quelquefois l'enthouſiaſme de ſes partiſans, ne peuvent pas tenir lieu de preuves à ceux qui n'étant pas inſtruits, n'ont pas été à même

(1) Il faut excepter de ce nombre l'Auteur de *l'Examen ſérieux & impartial du Magnétiſme*, dont les obſervations ſont d'un Médecin éclairé & de bonne foi, & dont le ſtyle n'eſt pas d'un enthouſiaſte.

de ſuivre long-temps & avec attention, les traitemens publics. D'un autre côté, la mauvaiſe foi, l'eſprit de parti & les expreſſions injurieuſes ſubſtituées à l'examen ſérieux & ſuivi d'un pareil ſyſtême, ſont peu propres à éclairer l'opinion de ceux que le ton tranchant & doctoral ne ſubjugue pas. Il n'y a pas juſques au Rédacteur des petites Affiches qui, non content d'avoir joint ſes réflexions à celles des Commiſſaires, ſe permet, ſur ceux qui ne ſont pas encore déſabuſés, & ſur les femmes, une ſortie peu honnête (1).

L'imagination, ſuivant le rapport des obſervateurs les plus modérés dans leur ſtyle, eſt la ſeule cauſe des effets dont ils ont été témoins, & qui auroient pu venir à l'appui des principes dont ils étoient chargés de vérifier l'exiſtence; mais ſeroit-il permis de

---

(1) Qu'un homme de lettre doué d'une tête froide, d'un eſprit éclairé & d'une ame honnête, conſacre ſes talens au genre difficile de la ſaine critique, ſes travaux ſont trop utiles pour ne pas mériter des encouragemens; tel ſeroit ſûrement le Rédacteur des petites Affiches, ſi le deſir d'orner la ſtérilité de ſon ſujet par le charme du ſtyle, ne lui faiſoit pas oublier quelquefois les égards de la politeſſe.

demander ce qu'ils entendent par le mot *imagination?* Depuis long-temps il ſert de réponſe échappatoire, & dans l'acception la plus commune, il eſt certainement le fruit des égards que la politeſſe a introduit dans la ſociété & ſubſtitué à la négation abſolue. Un Médecin ignore-t-il le ſiége des maux qui engagent quelqu'un à recourir à ſes lumières? C'eſt un malade imaginaire: des Phiſiciens ſont-ils invités à examiner un phénomène qui a frappé quelques individus? S'ils ne peuvent parvenir à l'expliquer d'après leurs principes, c'eſt imagination ou impoſture d'après le rang des témoins. Ainſi ce mot, juſqu'à préſent, a principalement été employé comme un démenti très-poli, & contre lequel il n'y avoit rien à réclamer. Mais depuis que les Corps ſavans en font uſage, & ſur-tout dans une queſtion intéreſſante, ne pourroit-on pas préſumer que dans quelques circonſtances, c'eſt une reſſource que la vanité ſuggère à l'ignorance. Il eſt donc important de définir clairement ce qu'on entend en Médecine & en Phyſique par ce mot, lorſqu'il s'agit d'effets viſibles. L'imagination eſt-elle un être de raiſon? Alors il ne doit point exiſter d'effets, ou c'eſt à l'impoſture ſeule qu'ils ſont dus. Dans ce cas, le Public en auroit fait juſtice depuis long-temps, car ſi les Commiſſaires ſe fuſſent oubliés au point d'en ſoupçonner M. Deſlon, la plus grande partie de ceux qui ont ſuivi ce traitement, par curioſité ou par beſoin, n'eſt pas aſſez dénuée de bon ſens pour ne s'en être pas apperçue facilement avant eux; ce ne ſeroit pas dans une aſſemblée publique, que la malignité ſeroit aſſez diſtraite pour négliger une pareille obſervation.

Mais l'imagination exaltée eſt-elle un agent? Alors, Meſſieurs, avant de faire de cette reſſource la baſe de votre opinion, il auroit été prudent de vous convaincre ſi les ſujets dont les criſes vous ont ſi fort étonnés, étoient ſuſceptibles des effets attribués aux imaginations exaltées.

Un grand nombre de malades, ſans afficher la prétention de la ſcience & la manie du bel eſprit, n'en regrette pas moins de ſacrifier à ſa ſanté des heures qu'il croiroit mieux employées à ſon inſtruction, & ce n'eſt ni pour le plaiſir de voir ſouffrir les autres, & encore moins pour celui de ſe donner en représentation, qu'ils se rendent aux traitemens.

Si parmi ceux dont les crises vous ont surpris, il en est dont l'imagination n'a jamais eu de pouvoir sur leurs sens, s'ils en ont eu la preuve dans quelques circonstances de leur vie, d'un genre propre à exalter les idées & à leur causer toutes les illusions que le chagrin violent & les spectacles déchirans & imprévus, &c., sont capables de produire, comment leur persuaderez-vous, Messieurs, que le moment de leur confiance en M. Deslon, est l'époque à laquelle ils doivent ressentir les premières influences de l'imagination? Il seroit facile de vous prouver que l'on seroit bien-tôt blazé sur les moyens que vous attribuez à ce Médecin pour exalter l'imagination, & que pour faire de ce principe la base de sa doctrine, il auroit besoin de changer perpétuellement la forme des prestiges qui lui servent selon vous d'excitateurs.

L'exemple des Chirurgiens, des Prêtres & des gens accoutumés à voir l'homme dans les angoisses de la mort & de la douleur, prouve que l'habitude amortit beaucoup l'horreur d'un tel ſpectacle. Quant à l'eſprit d'imitation que vous enviſagez auſſi comme cauſe des effets que vous citez, vous me permettrez de vous dire, qu'il a pu donner lieu à la naiſſance de quelques arts; mais vous perſuaderez difficilement que nous ayons une propenſion à imiter gratuitement les douleurs phyſiques des autres, ſur-tout quand l'expérience nous a éclairé ſur la vivacité des maux que cette imitation prétendue procure. Ainſi il ſera difficile de partager votre opinion ſur l'eſprit d'imitation & l'imagination (1).

Cependant, Meſſieurs, cette imagination, cauſe unique des effets auxquels vous

---

(1) Imagination! Don précieux que la Divinité fit aux hommes. Toi dont l'influence animoit jadis les productions des Artiſtes & des Poètes, toi qui embellis ſouvent de tes graces les leçons de la vérité, pourquoi, renonçant au privilége de nous charmer, viens-tu te reproduire tour à tour ſous les différentes formes de Dévote, de Malade & de Médecin? Tu t'es mal trouvée de la controverſe, tes miracles n'ont perſuadé perſonne, tes maux n'ont fait que déſeſpérer la Faculté ſans l'éclairer. Crois-tu gagner à ta nouvelle métamorphoſe? C'eſt en vain que tu l'eſpères & que tu te déguiſes; graces à l'intelligence & à l'attention ſcrupuleuſe de nos modeſtes Savans, on t'a facilement reconnue.

n'en voulez pas reconnoître d'autres, vous offroit au traitement de M. Deslon, des occasions bien favorables d'examiner & de vous instruire d'une propriété particulière à certains individus, & dont l'admission comme moyen curatif étoit aussi nouvelle pour vous.

Il falloit par conséquent constater s'il y avoit des malades soulagés, & s'il y en avoit eu de guéris; car malgré tout le spécieux des raisonnemens que vous employez pour vous justifier de ne les avoir pas consultés & de n'en avoir pas amené, le bon sens (qui en fait de jugement vaut mieux que l'esprit) indique que des cures & des soulagemens sensibles, sont des présomptions en faveur du remède. C'est sur de pareils effets que le Médecin fonde sa réputation, & que le malade se décide.

MM. les Commissaires de la Société Royale de Médecine ont été plus attentifs; ils ont remarqué que les évacuations dont les malades se félicitent, n'étoient pas *cuites*. C'est une discussion de fait dont les preuves sont difficiles à donner au Public : ils assurent aussi que le bien-être que l'on éprouve après les crifes, n'eft que relatif à l'état dont on fort. Autre difcuffion de fait fur laquelle les malades feuls peuvent prononcer, lorfqu'on leur accorde affez de bon fens pour fe juger, & affez de bonne foi pour rendre juftice à la vérité.

Ces Meffieurs ont auffi judicieufement obfervé que les crifes affectoient plus particulièrement *les femmes riches*. Les Commiffaires de l'Académie fe défient de celles des femmes pauvres. Ceux de la Société avouent cependant qu'ils n'ont pas daigné s'occuper de l'examen de certains effets qui leur ont paru *contraires aux loix de la Phyfique & inextricables*. Quels font ces effets? Et pourquoi les Phyficiens, qui étoient auffi chargés de les examiner, n'en parlent-ils pas? L'influence de l'imagination produit-elle des phénomènes *contraires aux loix de la Phyfique?*

La crainte d'être gênés dans leur difcrétion, ne doit jamais arrêter des Obfervateurs autorifés par le Gouvernement; avec un ton convenable aux perfonnes à qui l'on s'adreffe, il n'y a point d'éclairciffement qu'on ne fe procure. Les individus raffemblés chez M. Deflon ne font ni des foux, ni des énergumènes, & M. de Juffieu, l'un des Commiſſaires, peut rendre témoignage à leur honnêteté & à leur capacité. Comme ſa ſignature ne paroît dans aucun des deux rapports préſentés au Public, j'ignore ſon opinion; mais l'aſſiduité & l'attention avec laquelle il a rempli la commiſſion dont il étoit chargé, prouvent en faveur de la ſageſſe & de l'impartialité qui ont dirigé ſa conduite, ſon ſilence même peut être le fruit de ſes lumières: un demi-ſavant ſut-il jamais douter?

Cependant le Public, qui ſe flattoit de recueillir les obſervations des Académiciens juſtement eſtimés par leurs connoiſſances, & d'être éclairé ſur l'exiſtence ou ſur la chimère de l'agent que M. Deſlon emploie, ne trouve que l'expoſé de quelques expériences faites en cachette, & peut-être mal faites; point de malades ſuivis, & par-tout les mots d'imagination, d'imitation, d'attention à s'écouter, &c.

Si MM. les Commiſſaires de l'Académie s'autoriſent d'une ou de deux expériences qui n'ont pas réuſſi, ceux qui ont été témoins des effets appellés *inextricables* par les Commiſſaires de la Société Royale, s'en autoriſeront auſſi, pour ne pas adhérer entièrement au jugement des premiers, on niera peut-être l'*inextricabilité* de la chose; alors grande dispute de part & d'autre, qui finira comme toutes les disputes de Savans; on aura montré bien de l'esprit, & il n'y aura que la vérité qui restera *inextricable*. Ce qu'il y a de clair jusqu'à présent, c'est qu'il existe des effets; ce qu'il y a d'extraordinaire, c'est que le seul Commissaire qui les ait examiné publiquement & habituellement, n'ait pas joint sa signature à celles de ses confrères, qui ne voient dans tout cela *qu'imagination & suites funestes*. Ce qu'il y a d'abusif, c'est que tous les malades soient exposés à se voir cités comme des foux & des imbéciles, par une classe d'hommes où ils n'ont trouvé que des aveugles, dont les bévues multipliées, sont la principale cause de la confiance qui les engage à se livrer avec espoir à une méthode différente; & ce qu'il y a véritablement de peu honorable pour le siècle de l'Encyclopédie (1), c'est que les femmes sans distinction de rang ni de qualités personnelles, soient en butte à des

---

(1) Voyez les petites Affiches du vendredi 3 Septembre 1784.

plaiſanteries auſſi indécentes que groſſières. Il me paroît que l'influence de ce bel ouvrage, ne nous a rendu ni plus modérés dans les diſcuſſions, ni plus tolérans dans les opinions, ni plus généreux envers un ſexe à qui nous n'accordons d'autres armes que ſa *foibleſſe*.

La juſtice & l'impartialité, ont le droit d'exiger que le Public ſuſpende ſon jugement ſur M. Deſlon, avant d'être inſtruit du but qu'il ſe propoſe, & de la conduite qu'il a tenue.

Il s'établit depuis quelques années une doctrine vraie ou fauſſe, mais la plus importante des découvertes, ſi elle eſt vraie, & la plus ſéduiſante de toutes les illuſions, ſi elle eſt fauſſe; peu importe dans ces deux cas, qu'elle ait été mal ſoutenue & mal défendue dans le ſiècle dernier; toutes les recherches que l'on fera ſur cet objet, prouveront de l'érudition de la part de ceux qui s'y livreront, mais n'éclairciront point les faits actuels. Il s'agit de les conſtater froidement, honnêtement, & d'y mettre tout le temps, tout le ſoin & toute l'impartialité qu'un pareil examen exige; car, dit Montaigne, » de condamner comme impoſſibles » des choſes peu vraiſemblables, témoi- » gnées par des gens dignes de foi, c'eſt ſe » faire fort par une téméraire préſomption » de ſavoir juſqu'où va la poſſibilité «.

M. Deſlon, après une longue ſuite d'obſervations, a cru reconnoître un agent inconnu ou mal défini juſqu'à préſent, dont les propriétés dans l'indication des maladies, lui ont paru devoir être des guides plus ſûrs que les règles arbitraires d'un art qu'il a profeſſé long-temps avec autant de lumières & de bonne foi, que de déſintéreſſement. Il lui a ſemblé auſſi que cet agent, mis en action d'après les principes qui le lui font enviſager comme une qualité eſſentielle à chaque individu, devenoit un moyen curatif plus naturel, moins dangereux, & d'une plus grande reſſource que tous les amalgames chimiques ſi pernicieux entre les mains des ignorans, & dont les ſuccès ſont encore douteux aux yeux des Médecins éclairés.

Il ne s'agit ici ni de poudre, ni de recette, ni de privilége excluſif, car M. Deſlon a fait part de ſes connoiſſances à tous les Médecins indiſtinctement qui ſe ſont adreſſés à lui, & il n'a exigé d'eux ni contribution ni reconnoiſſance. Leur conduite prouve l'un, & le reſpect dû à la vérité, doit les engager à certifier l'autre. M. Deſlon a penſé que des gens de l'art, pouvoient ſeuls être admis à la théorie & à la pratique de ſa doctrine, & je ne crois pas que les pères de famille lui ſachent mauvais gré de cette opinion. Dans les traitemens des malades raſſemblés chez lui, il n'a fait aucun uſage de la ſalle appellée *des crises*, jamais aucun prétexte n'y a conduit perſonne; & dans quelqu'état que l'on ſe ſoit trouvé, il a préféré de ſatisfaire la curioſité des aſſiſtans, à des précautions qui auroient pu faire ſuſpecter ſon reſpect pour les mœurs : je ne crois pas encore que ceux qui ont des femmes, des ſœurs & des enfans chez M. Deſlon, ſoient tentés de blâmer ſa diſcrétion. Hommes impartiaux & ſages, jugez ſi dans la conduite de ce Médecin vis-à-vis de ſes Confrères, il y a du charlataniſme & de la cupidité. Ames honnêtes, jugez ſi la publicité de ſes moyens vous offre quelques doutes ſur la pureté de ſes motifs, & croyez après cela, que M. Deſlon *cher[illegible] à s'emparer des eſprits par le regard*, & à [illegible] l'imagination de ſes malades, &

ſur-tout des femmes. Cette pitoyable phraſe prouve, ou un grand vuide de raiſons, ou une envie peu honorable de jetter des doutes ſur l'honnêteté de l'homme dont on eſt chargé d'examiner la doctrine. Cependant cet homme, victime aujourd'hui de l'intolérance (1) de la Faculté, & en butte à tous les traits de l'envie, de l'intrigue & de la méchanceté ; quel eſt-il ? Voici ſon portrait, non pas tracé par une plume mercenaire, ni dicté par l'enthouſiaſme d'une reconnoiſſance aveugle, mais tel que vingt-cinq ans de travaux l'ont gravé dans l'eſprit de ceux qui le connoiſſent.

Avide de toutes les connoiſſances qui peuvent être dirigées vers la conſervation de ſes ſemblables, plein de cet amour du bien, de cette bienfaiſance & de cette honnêteté pratique ſi précieuſes dans ſon état,

---

(1) On croiroit à la conduite de nos Savans & de nos Médecins, que la tolérance tant prônée & ſi déſirable, ne doit avoir lieu qu'en matière de religion, mais que le Gouvernement doit être encore plus intolérant que les Prêtres, lorſqu'il s'agit d'opinion de Phyſique ou de Médecine qui bleſſent leur vanité ou nuiſent à leurs intérêts. Il eſt en vérité très-heureux que les décrets de la Faculté ſoient moins meurtriers que les ordonnances de ſes Membres.

assez éclairé pour avoir mérité une réputation que l'envie n'avoit pas attaqué jusqu'à cette époque, doué d'un assez grand caractère pour supporter les revers & être au-dessus de l'injure, sacrifiant son intérêt particulier à celui d'une cause qu'il croit intéresser l'humanité. Tel est M. Deslon, tel est l'homme qui, s'il étoit convaincu de son erreur aujourd'hui, se rétracteroit demain; sans que la crainte ou l'espoir eussent plus de part à cette démarche que l'obstination ou l'intérêt n'en ont à sa fermeté actuelle. Son seul défaut est de ne pas connoître assez les hommes, de les juger relativement à sa façon de penser, & de ne pas les voir tels qu'ils sont. Susceptible peut-être de se laisser aveugler par l'amour de l'humanité, si M. Deslon se trompe, il n'en a pas moins de droit à l'attachement & à l'estime du Public à qui il offre sans se plaindre, des sacrifices avec lesquels ses Confrères ne sont pas familiarisés.

A l'égard de la discussion dont on veut faire retentir les Tribunaux, je dirai à M. Mesmer, que l'injure ne doit jamais être l'arme favorite d'un homme de génie; que le soupçon ne doit pas être mis en balance avec des ſervices réels & avoués de la manière la plus authentique par lui dans un de ſes Ouvrages (1). Que s'il étoit trompé alors, il eſt poſſible qu'il le ſoit aujourd'hui, & que la modération ſans exemple de M. Deſlon, prouve que le témoignage de la conſcience doit ſuffire.

Il ſeroit facile de préſenter au Public tout ce que M. Deſlon auroit pu faire s'il eût été d'un caractère à ſe laiſſer plutôt guider par l'eſprit de vengeance, qu'à être entraîné par la conviction, ou ſi des conſidérations de fortune euſſent motivé la conduite qu'on lui reproche. Que l'on compare donc ce qu'il a fait à ce qu'il pouvoit faire (2), & que l'opinion des gens ſages le dédommage enfin des inculpations de charlataniſme, de

---

(1) *Précis Hiſtorique des faits relatifs au Magnétiſme animal*, publié par M. Meſmer dans un temps où il n'avoit que peu de partiſans, point d'élèves, & où l'intrigue, la méchanceté & l'envie n'avoient pas encore intérêt d'employer la calomnie pour le déſunir d'un homme capable de ne lui donner que des conſeils modérés, déſintéreſſés & fondés ſur la connoiſſance des préjugés & des mœurs de la Nation.

(2) Se venger, en déſavouant les propoſitions qui avoient aliéné la Faculté contre lui, ou s'enrichir en ouvrant un cours d'inſtruction.

mauvaiſe foi & d'homme dangereux dont on s'empreſſe de l'accabler, tandis qu'il ne travaille que pour l'humanité.

Tel eſt l'hommage public que j'ai voulu rendre à ſon caractère, en lui laiſſant la liberté de déſavouer tout ce qu'il voudra de cette Brochure, hormis mon opinion ſur lui.

FIN.

www.ingramcontent.com/pod-product-compliance
Ingram Content Group UK Ltd.
Pitfield, Milton Keynes, MK11 3LW, UK
UKHW020228200726
13856UKWH00004B/1652

9 782013 608091

jet pouvant, selon ses dierses transmutations, être taxé à vingt titres différents et de vingt manières.

Votre esclave, à vous, supporte la plus forte partie du plus fort impôt, l'impôt du sang, dont il vous fait aussi bon marché que de ses sueurs. Il lui faut, au premier coup de tambour, courir à la frontière ; il lui faut défendre un territoire où il n'a rien à perdre, où il ne recueille que des douleurs.

Vous le secourez, je le veux bien. S'il est une localité stérile où la main-d'œuvre languisse et s'offre au rabais, vous vous en proclamez la providence ; vous y transportez vos manufactures et vos métiers. La vie semble se ranimer au milieu de cette population tout à l'heure inerte. Des milliers de bras y luttent d'efforts pour la plus grande prospérité de votre industrie charitable. Le sol, aride à sa surface, est interrogé dans ses profondeurs. On y creuse ces puits effrayants, ces galeries souterraines, où des familles entières disparaissent à travers les ténèbres. Il n'est bruit que de l'intarissable fécondité de cette contrée, naguère maudite. Mais pourquoi ces visages étiolés, ces constitutions rabougries, cette dégénération rapide qui a métamorphosé en si peu de temps une race d'hommes en une race de crétins? Sont-ce là les signes du bonheur que vous laissez sur vos traces ? Oui , ce sont-là vos dons ; c'est là le résultat de votre philanthropie hypocrite; c'est là le triste effet d'un travail excessif et malsain, d'un salaire sordide. Demandez-le à vos ateliers; à ces refuges mortels , et par les matières qu'on y emploie, et par l'air délétère qu'on y respire. Demandez-le à ces abîmes sans fond, où se sont perdus de si regrettables dévouements qui ne devaient plus revoir la clarté du jour. Ce n'est pas la vie, c'est la mort qu'apportait ici votre bienfaisance; la mort prématurée, moissonnant sur une plus vaste échelle de maux. Applaudissez-vous, j'y consens, de cette activité dévorante, de ces longues veilles, de ces dures privations qui ont tant produit, de cette disette au sein de l'abondance; étalez les trésors arrachés à tant de tortures. Vous avez acquis des millions, et ceux à qui vous les devez tombent d'inanition à votre porte, et n'ont pas une pierre où se reposer.

Je me trompe. Ils ont les hôpitaux et les salles d'asile, les distributions à domicile , les quêtes officieuses et les legs pieux. La civilisation ne leur est pas essentiellement ennemie. Si elle ne leur donne pas de quoi vivre, elle leur ménage du moins la possibilité de mourir sans frais. Que dis-je, secourables patrons? vous avez poussé la sollicitude jusqu'à rendre la charité obligatoire. Une taxe spéciale a été imaginée, dans certains états, au bénéfice des indigents. La mendicité a fait place au paupérisme; la mendicité, à laquelle vous avez assigné des dépôts, et défendu de vous importuner, sous peine de prison et *d'amende.*

Ah! ne nous exagérons point la portée de vos bonnes œuvres. Nous savons le soulagement que peut se promettre une famille, en hiver, de la munificence hebdomadaire de deux pains et de deux cotrets. Vous seriez dix fois plus généreux, que vous n'échapperiez pas aux murmures qui vous poursuivent. Votre système de secours n'est pas nouveau. Nos couvents l'avaient mis jadis en pratique; et aujourd'hui même, au-delà des Pyrénées, les moines font largesse à tout venant de soupe et de légumes avariés, qu'on se passe dévotement dans des écuelles de bois, jusqu'à ce que la chaudière soit épuisée. Ce sont les bureaux de charité du pays. Là l'aumône, dit-on, n'a rien qui ravale; la noblesse la demande sans déroger. Il n'était pas rare autrefois d'y voir un gentilhomme tendre la main, couvert de haillons et de vermine, mais la tête altière et l'épée au côté. Nous sentons autrement notre dignité, vilains que nous sommes. C'est la rougeur sur le front, et poussé par les cris de détresse des siens, que le pauvre recourt à votre assistance. Le droit qui se révèle instinctivement à son ame l'élève au-dessus de tant de pitié.

Eh bien, ce droit incontestable que nous apportons en naissant, ce droit de vie, supérieur à toutes les constitutions et à tous les codes, il faut vous le rappeler, puisque vous l'avez méconnu. Certes, si, lorsqu'ils se sont réunis en corps de nation, les hommes moins ignorants avaient pu se prémunir contre les infirmités de leur nature, contre leurs mauvais penchants et leurs faiblesses, contre leurs vices et leurs passions, ils eussent mieux trouvé qu'une vaine hiérarchie de rangs et de classes; qu'une clientelle bientôt affamée sous un patronage gorgé de tout. Prévoyant l'inconstance des évènements, qui accablent parfois aussi le puissant et le riche, ils se fussent préalablement assuré une ressource commune dans un nombre de terres suffisant pour subvenir au moins à la nourriture première de chacun. Ils se fussent garanti le pain quotidien que la société doit à tous ses membres.

Ce qu'ils n'ont point fait, qui nous empêcherait de le faire? Notre droit est-il périmé, pour n'avoir pas été consacré à temps? La difficulté de son application nous effraierait-elle? Eh! bon Dieu, l'obstacle, vous le savez bien, n'est pas là. Il est dans la suprématie des écus sur le travail et l'intelligence; il est dans cette autorité jalouse qui nous exploite, et subordonne toutes nos facultés aux spéculations de votre avarice. Lorsque le prolétaire sera assuré de son pain, il ne travaillera plus le couteau sur la gorge. Il pourra discuter l'emploi de son temps et les conditions de son labeur. Que demandons-nous, au surplus? ce qui existe déjà pour la plupart des propriétés communales : le droit de tous au bien de tous. Pourquoi ne procéderait-on pas pour les blés comme on procède dans certaines localités pour les bois, aménagés au profit de chaque habitant sous la surveillance municipale? Pourquoi n'aurions-nous pas, en d'autres termes, des blés communaux?

Tout a été envahi, direz-vous, et il ne faudrait

rien moins qu'un nouveau partage. Non, non ; on peut encore concilier avec l'état actuel de la propriété les droits dont on n'a point tenu compte. La propriété n'est pas immuable. Elle a subi, Dieu le sait, assez de révolutions pour que nous puissions nous fier au temps du soin de nous faire justice, et de nous reconquérir la part qu'on nous doit. Où sont les seigneurs grands-terriens dont il a dispersé en lambeaux l'apanage? Laissons-le maintenant nous former le nôtre, celui de nos enfants, si vous aimez mieux. Que la nation acquière ce patrimoine, dût-il lui coûter un peu de son faste et de sa splendeur. Quelques palais de moins, et quelques terres labourables de plus.

Mais la faim crie et s'impatiente. Nous n'aurons pourvu là qu'à l'avenir, et c'est le présent qui fait vos terreurs. Eh bien, la nation interviendra plus impérieuse. Elle s'attribuera jusqu'à nouvel ordre le monopole des grains. Elle vous achètera, s'il le faut, l'épi sur sa tige. Elle agira pour les céréales comme pour les tabacs, non dans une pensée de fiscalité, mais dans un sentiment tout paternel et tout de famille. Ses greniers s'ouvriront à tous les besoins. Le pauvre y trouvera toujours son pain au plus bas prix possible, à crédit même le plus souvent.

Et qu'on ne se hâte pas de se récrier. Je ne dérange rien aux intérêts existants, ou bien peu de chose. Votre blé vous sera payé sa valeur. Le boulanger ira se pourvoir au dépôt commun, et continuera, comme par le passé, ses fournées. Les mercuriales suivront le mouvement des récoltes, soustraites aux fluctuations de la place publique, et aux barbares calculs de l'accapareur.

La taxe du pain ne variera plus au jour le jour, et elle ne dépassera jamais le prix de fabrication pour le pauvre. Le pauvre pourra même l'acquitter en travail à défaut d'argent. Il lui suffira d'une formalité quelconque, de l'exhibition d'un livret donné par la commune, ou de l'émargement d'un registre chez le boulanger. Et la règle ici n'humiliera point, parce qu'elle comportera un droit et non une grace, une obligation réciproque et non un secours.

On m'opposera l'incapacité et la paresse ? mais il est peu probable, de bonne foi, que dans l'immense diversité de travaux dont peut disposer un gouvernement, il n'y ait pas toujours de quoi tirer parti du plus inhabile. Ces travaux sont précisément en parfait accord avec les aptitudes locales : de terrassement et d'agriculture dans les campagnes, d'industrie et de haute main-d'œuvre dans les cités. On sent bien d'ailleurs qu'on n'a rien à demander à l'invalide, à l'impotent et à l'idiot. Ceux-ci auront éternellement leurs hospices. Et quant au mauvais citoyen assez éhonté pour refuser l'indemnité de son travail à l'épargne nationale qui l'a nourri, il y aura contrainte et pénalité jusqu'à l'acquittement de sa dette. Les moyens de coërcition et de répression s'aggraveront même selon les circonstances, car elles pourront présenter le caractère d'un vol public. Où sera l'excès de sévérité? Les lois que vous appliquez incessamment au mendiant et au vagabond sont-elles donc si indulgentes? Le coupable aura-t-il plus à vous accuser d'oppression que le conscrit réfractaire, enrégimenté bon gré, mal gré, le mousquet sur l'épaule, et conduit de force à l'ennemi? Le devoir qui lui ordonne de se faire tuer sera-t-il moins écouté quand il lui commandera de travailler pour vivre?

Et remarquez bien que je ne vais point contre le droit naturel posé en principe. La vie, hélas ! n'est pas un don tout a fait gratuit, et qu'il nous soit permis de conserver sans peine. La loi agraire partagerait demain le pays, que nous n'en devrions pas moins cultiver chacun notre lot, en supposant à cette idéalité la moindre durée. Celui qui négligerait son sillon serait bientôt à la merci du voisin vigilant qui aurait sans doute accru le sien florissant et prospère. C'est ce travail forcé qu'on veut rendre libre, et qu'il appartient toutefois à la nation de requérir, alors surtout qu'elle en aura d'avance payé le salaire. La nation n'exploite ni n'abuse ; elle supplée à l'héritage qui nous fait défaut.

Est-ce le monopole que vous redoutez ? Je me serais volontiers gardé du mot, si vous attachiez moins de prix à la chose. Le monopole étouffe la liberté que nous appelons, et que vous ne défendrez jamais avec trop de zèle. Mais l'expression, vous le voyez, ne rend pas ici la pensée. Elle la dénature même, et j'en ai regret. Elle est la qualification vulgaire d'un fait qui, cette fois, proteste contre elle. Ces moissons, dont vous disposez exclusivement, dont vous réglez seuls le commerce, la hausse et la baisse, l'importation et l'exportation, je les mets indis tinctement à la disposition de tout le monde. C'est la liberté que je favorise, c'est le monopole que je combats. Rigoureusement, la nation n'use que de son bien. Vous n'êtes que ses locataires ; à bail perpétuel ; je le reconnais, mais soumis à toutes les clauses qu'il lui convient de stipuler. Votre propriété, elle l'impose comme elle veut ; elle en dispose comme il lui semble ; il lui suffit d'alléguer le principe de l'utilité publique, que votre législation a maintenu. Or, quand donc ce principe aura-t-il été invoqué à plus juste titre? La vie humaine serait-elle moins précieuse que tant de stériles monuments de notre vanité et notre orgueil ?

Est-ce là dépense qui vous effraie? Dans le système de la possession par l'état, il est vrai, elle paraît énorme. J'ai reculé comme vous, au premier aspect, devant la monstruosité de son chiffre. Mais encore a-t-elle sa limite, et le temps qui nous y mènera n'en a point. Dès que nous en faisons l'affaire des générations, nous pouvons le prendre très à notre aise. La terre acquise annuellement ne grèvera pas plus le trésor, si vous y tenez, que le royal entretien de vos dynasties. Ce sera la liste civile du peuple, et vous la réduirez tant qu'il vous plaira. Vous ne voterez pas du moins un fonds perdu; le sol sera toujours là pour nous dédommager de nos sacrifices; l'impôt pourra se dire, du coup, un bon placement. Eh, depuis quand seriez-vous devenus si économes? Le milliard annuel vous coûte si peu! Ne vous y montrez-vous si faciles et si coulants que dans les allocations où vous êtes parties prenantes? Que dans les précautions de vos peurs intérieures, que dans vos avances à l'étranger? vous y trouvez quarante millions pour le roi Othon, et pas une parcelle de terrain pour les nôtres! des millions par centaines pour nous embastiller et nous affamer, et pas une gerbe pour nous nourrir!

Est-ce enfin aux dispositions de détail que l'on nous renvoie? Oh, bien certainement, vous ne vous attendez pas que je vous les donne. Je vous ai posé le principe, le droit de tous; je vous l'a ifait voir outragé à ce point, qu'il semble ne lui rester d'autre recours qu'une guerre à outrance; je vous ai indiqué un moyen de transaction, etj e crois en avoir démontré l'application possible. Cherchez-en un meilleur, j'y souscris sans peine; mais si vous admettez seulement l'examen du mien, c'est à vous, qui gouvernez, d'en faciliter l'exécution, et de lui déblayer la carrière. Tout se réduit jusqu'à présent à fort peu de mots : chaque commune aura son grenier et même sa ferme; son grenier, tant qu'elle ne sera que dépositaire; sa ferme, dès qu'elle possèdera et cultivera. La plupart des communautés religieuses ne s'arrangeaient pas autrement sous nos bons aïeux pour le prélèvement et l'écoulement de la dîme. Oh, que s'il s'agissait d'un tribut ou d'une corvée, si l'on se fût avisé d'imposer le blé comme on a imposé le sel et les boissons, vous ne manqueriez pas d'expédients pour traquer la denrée sous toutes ses formes; vous iriez l'enregistrer sur le guéret pour la suivre jusque sur la table du consommateur. Pourquoi seriez-vous moins ingénieux, quand il s'agit d'en répartir à tous le bienfait, et de le mettre à la portée du plus pauvre? Celui-ci l'aura au prix de revient, le riche, si vous le jugez à propos, légèrement surtaxée. Ce sera de quoi couvrir, et bien au delà, les frais d'administration, à peu près circonscrits dans le giron de l'autorité communale. Vous pourrez expédier des livrets en masse : j'ose d'avance affirmer qu'on n'en abusera point. Par l'amour-propre régnant, les deux tiers au moins de la population n'en feront assurément nul usage. Je ne porte pas au dixième le nombre de ceux qui achèteront leur pain à crédit, et qui auront toujours conséquemment pour se libérer du travail de reste. Ce sera encore au gouvernement de seconder sous ce rapport les communes ; à l'administration générale de coordonner les détails. Le ministère des travaux publics se fera en même temps le ministère des subsistances. Il importera ou exportera selon l'occasion. Il disposera de l'excédent des années d'abondance, comme il subviendra à la pénurie des années de stérilité. Il appliquera ces moyens de grande culture que contrarie le morcellement des propriétés sous tant d'autres rapports si utile.

Où sont les intérêts lésés? L'eau ne se détournera pas plus du moulin, vous l'avouerez, que le pétrin ne chômera de farine. Le boulanger, je le répète, chauffera son four comme devant. Il ne spéculera point, à la vérité, et son gain ne sera pour lui qu'un salaire ; mais moralement il ne saurait prétendre autre chose. S'il n'a pas à poursuivre un bénéfice odieux, il ne court aussi aucune chance de perte. Il en sera de même du cultivateur. Sa terre lui vaudra un revenu assuré, et à l'abri des alternatives d'un commerce qu'il n'entend guère et qu'il subit. Il lui importera peu, tout calculé, de vendre son blé au marché ou à la mairie. La grande propriété, et je le conçois, ne sera peut-être pas si accommodante. C'est elle qui fait la loi, et il faut croire qu'elle s'en trouve bien, puisqu'elle n'y voit point matière à réforme. C'est à ses prévisions que nous avons dû naguère, au milieu d'une disette soudaine, le spectacle de la multitude éperdue se précipitant au pillage des bâtiments qui emportaient hors du pays nos derniers boisseaux. On était dans les termes de la loi, et il n'a pas moins fallu la faire mentir pour conjurer le désordre. On a défendu l'exportation. Si respectable donc qu'elle soit, la grande propriété n'est pas infaillible. Elle ne périra point, croyez-moi, parce que nous ne lui paierons plus notre pain quatre ou cinq sous la livre. Elle comprendra tôt ou tard qu'on peut le manger à meilleur marché sans anarchie, et qu'on n'apaise pas la famine à coups de fusil.

Non, ma proposition n'est ni subversive ni dommageable. Elle ne porte atteinte ni à vos

Voilà la solution du problême social qui vous épouvante. Votre tranquillité n'est qu'à ce prix. Donnez-nous ce que Dieu nous a donné, et la paix est faite. Les ressentiments s'effacent avec les griefs. Plus d'émeutes, plus de conflits meurtriers, plus de guerre civile. *Vivre en travaillant, ou Mourir en combattant*, ce cri de la misère aux abois, ce cri qui résume pourtant toute la question, n'ébranlera plus vos splendides demeures. Mais, hâtez-vous, car le temps presse ; hâtez-vous, car le ciel est noir. Vous n'avez qu'une bataille à perdre, en eussiez-vous déjà gagné cent. Et qui peut savoir où s'arrêtera la violence! Or dût-elle nous rendre au delà de ce qu'elle nous a ravi, dût-elle vous mettre à notre place, la question n'en resterait pas moins toute entière, le mal n'en serait pas moins alarmant. Du pain à tous! Voilà, encore une fois, le gage de la réconciliation générale; voilà la loi naturelle, la loi suprême, la loi d'éternelle justice qu'il faut réhabiliter, et vous le pouvez.

P. S. Ce qui précède était écrit depuis longtemps. La publication n'en a été ajournée qu'eu égard aux circonstances. Les émeutes au sujet des grains, l'année dernière, et les agitations de la classe ouvrière, il y a quelques mois, sont venues notamment fournir à mes paroles un témoignage dont je n'ai pas voulu sur le moment profiter. Je plaindrais donc ceux qui ne verraient qu'une œuvre de par i dans le tableau d'une situation déplorable. Ils feraient preuve d'un bien pauvre esprit ou d'une aberration bien étrange. Leur opinion n'a jamais, au surplus, influencé la mienne, et je crois m'être exprimé en cette rencontre assez nettement pour ne pas leur coûter de grands frais d'interprétation.

Le système que je propose, nous l'avons souvent discuté entre amis, et je ne me suis décidé, je dois le dire, à le publier qu'avec l'approbation du plus grand nombre. J'ai répondu aux principales objections. J'aurais pu m'appuyer de chiffres ; j'aurais pu démontrer qu'au prix de revient le pain évalué, par exemple, à deux sous la livre, et délivré à crédit au dixième de la population , ne constituerait que très modérément l'état en avance. Mais ces calculs, tout le monde est en mesure de les faire; et certes les renseignements ne manquent pas. Je me bornerai à cette observation que l'acquit en travail ne se fera point attendre, puisqu'il n'y aura guère que les bras disponibles qui recourront au crédit. J'ai dit qu'il y aurait du travail de reste; mais fallût-il en créer, ce serait encore dans l'obligation du gouvernement, qui tient la place du chef de famille, et doit pourvoir à l'existence de tous les siens. J'ai du reste, avant tout, raisonné dans l'hypothèse de la possession par l'État, où les acquits se feront généralement en frais de culture, genre de travail assez varié pour que chacun y trouve son occupation.

Je me suis servi improprement du mot *monopole*, mais je l'aurais éludé qu'on s'en fût emparé contre moi. Le mot m'importe peu, si je parviens à détruire la chose. Or le monopole des grains existe de fait entre les mains de la grande propriété, qui en dirige exclusivement le commerce. C'est à ses règlements qu'elle doit la plus-value de ses terres et l'augmentation des baux de ses fermages, qui ont doublé depuis la restauration. Le commerce qu'on interdira à quelques-uns, l'Etat l'exercera au profit de tous. Ce commerce est-il d'ailleurs entièrement libre? Importe-t-on et exporte-t-on à volonté? Vous avez vous-même senti qu'il y avait ici d'autres intérêts que les vôtres? Eh bien c'est entre ces intérêts parfaitement égaux que je ne veux pas distinguer.

J'ai à cet égard la conscience tranquille. Je ne crains pas plus de *faire des fainéans*, selon l'expression d'un pauvre diable que la bourse a ruiné, et que je consolais en plaisantant par la perspective de mon double système. L'apathie et l'abandon ont plutôt leur source dans le découragement et l'infortune, L'aisance appelle l'aisance. Il est dans la nature de l'homme heureux de chercher à augmenter son bien-être. Et puis on ne vit pas que de pain. Le pain assuré à tous affranchit le prolétaire; il l'aide à améliorer son existence; il rompt surtout ces pactes de la faim qui la lui rendent si malheureuse; mais il ne l'endort pas sur l'édredon.

On a craint que je n'eusse exagéré nos misères; on a repoussé la comparaison que j'avais prétendu établir entre l'ilote de nos ateliers et celui de nos colonies; on m'a opposé un grave docteur, envoyé tout exprès par l'Académie des sciences morales dans nos départements manufacturiers, et qui en est revenu le plus content du monde.

Ces optimistes sont de fort bonne foi sans contredit; mais qu'ils aillent demander au premier colon venu si le plus faible de nos ouvriers ne produit pas plus et ne coûte pas moins que l'esclave le plus robuste. L'affirmative à cette question la résout évidemment à l'appui de la comparaison qu'on attaque. Et il y a si peu de doute à cet égard, que la spéculation est entrée autant pour le moins que la politique et l'humanité dans les nombreux affranchissements dont l'Angleterre a donné l'exemple. Le gouvernement a compté sur plus de travail et sur moins de dépense, et il a eu d'autant plus raison que les trois quarts des salaires doivent lui rentrer par l'impôt, dont l'esclave affranchi n'est pas exempt.

A l'académicien des sciences morales j'opposerai d'ailleurs la statistique des conseils de recrutement, qui, sur cinquante conscrits de vingt ans, venus des départements manufacturiers, en reconnaissent à peine *deux* propres au service.

Eh! quelle preuve plus péremptoire de la misérable condition de l'ouvrier, que ce travail forcé des enfants auxquels la chambre des pairs a essayé de porter secours !

En interdisant l'emploi des enfants au-dessous de huit ans, la bonne chambre a seulement oublié de donner aux parents de quoi pourvoir à leur subsistauce. M. Méchin s'est montré plus conséquent. Nommé préfet d'un des départements les plus industriels et le plus populeux, il a, dans une bénévole proclamation, engagé simplement les ouvriers à ne pas se marier, le célibat supposant sans doute à ses yeux la continence, car on ne voit pas, sans cela, à quoi aurait servi le conseil.

M. Méchin a subi une reprimande officielle. Les journaux ministériels lui ont reproché d'avoir dit ce qui ne devait pas administrativement s'avouer. Hélas! il en est de même pour tout. On cache, on dissimule, on cherche à se tromper soi-même et à s'étourdir. A défaut de remédier au mal, on aime à parer le malade. On s'applaudit de la prospérité toujours croissante quand chaque jour apporte sa calamité. Mais tout brille, tout resplendit, tout étincelle. Le boutiquier se carre dans son étalage Si ses ballots sont vides, son magasin est chargé de riches décors. Le bilan qu'il va déposer est doré sur tranche. Le président du tribunal de commerce vous l'a dit : les faillites suivent la progression du faste affiché. Tout est déception, tout est mensonge ; et lorsque la vérité cherche à soulever l'oripeau de cette société factice, on crie au scandale, à la sédition. C'est le voyage de Catherine en Crimée, au milieu de ses villages tapissés de verdure et de ses serfs endimanchés : La décoration tombe après le passage, et la misère reparait avec ses haillons.

www.ingramcontent.com/pod-product-compliance
Ingram Content Group UK Ltd.
Pitfield, Milton Keynes, MK11 3LW, UK
UKHW020517230726
13925UKWH00005B/2180